U0942183

KUWEI
酷威文化
图书 影视

THE ANXIETY JOURNAL

焦虑日志

[英]柯瑞妮·斯威特 著　张蕾 译　易珂琳 绘

四川文艺出版社

图书在版编目（CIP）数据

焦虑日志 / (英) 柯瑞妮・斯威特著 ; 张蕾译 . --
成都 : 四川文艺出版社 , 2019.8（2020.3 重印）
ISBN 978-7-5411-5494-2

Ⅰ. ①焦… Ⅱ. ①柯… ②张… Ⅲ. ①焦虑－心理调节－通俗读物 Ⅳ. ① B842.6-49

中国版本图书馆 CIP 数据核字 (2019) 第 190314 号

著作权合同登记号 图进字：21-2019-425

THE ANXIETY JOURNAL by Corinne Sweet
First published 2017 by Boxtree an imprint of Pan Macmillan, a division of Macmillan Publishers International Limited

JIAOLÜ RIZHI

焦虑日志

[英]柯瑞妮・斯威特 著

张蕾 译

出品人 张庆宁
出版统筹 刘运东
特约监制 刘思懿
责任编辑 陈雪媛
特约策划 刘思懿
责任校对 汪 平
特约编辑 苟 敏 申惠妍
封面设计 A BOOK STUDIO 萝卜Design 1092801781

出版发行 四川文艺出版社（成都市槐树街2号）
网 址 www.scwys.com
电 话 028-86259287（发行部） 028-86259303（编辑部）
传 真 028-86259306

邮购地址 成都市槐树街2号四川文艺出版社邮购部 610031
印 刷 北京中科印刷有限公司
成品尺寸 130mm × 185mm 开 本 32开
印 张 7 字 数 30千字
版 次 2019年8月第一版 印 次 2020年3月第三次印刷
书 号 ISBN 978-7-5411-5494-2
定 价 49.80元

谨以此书献给

约翰尼·麦基翁
Johnnie McKeown

以示爱和感谢

序

这本小书将帮助你识别焦虑的症状，并提供方法和技巧，使你能够有效地应对焦虑。某种程度的焦虑是完全正常的——甚至是有用的。当你即将开始一场重要的演讲，为此感到有点紧张，这属于正常现象。但如果对一次约会过分期待，以至于在约会前几周就开始感觉不适，导致状态太差而无法出门，这样的焦虑就严重影响身心健康了。遵循本书中的建议将有助于你把焦虑保持在一个健康、可控的水平。

焦虑感使我们对现实生活中的威胁保持警惕。焦虑的存在是有原因的，它使我们具有人性。但对有些人来说，生活在极度焦虑中可能会感到恐惧，甚至威胁到生命，并可能导致极度的痛苦与折磨。同样，轻微的焦虑也会导致长期的家庭和工作问题。本书无法彻底消除你的焦虑，因为焦虑是一个人情绪和生理机制的重要组成部分，它赋予人生机。但无论如何，本书将有助于你发现、理解和应对焦虑，以便你按着自己想要的方式好好生活下去。我们衷心希望《焦虑日志》能为你在生活中寻得一处平静安宁之地。

焦虑是一种什么感觉?

不妨花点时间来想一想，当人们感到焦虑时会发生什么？你有过以下症状吗？如果有，尽管把它们画出来。或许你还有过其他的症状。有时候某种症状说来就来，毫无征兆，着实令人困惑。

你可能会感到：

- 紧张不安
- 头晕
- 惊慌失措
- 摇晃、站不稳
- 麻木
- 易怒
- 打冷战，起鸡皮疙瘩
- 高度警觉
- 产生自残，甚至自杀的念头

你或许还有以下的体验：

- 说不出话
- 胡思乱想
- 无法控制地重复出现一些念头
- 失眠
- 白天昏昏欲睡
- 气喘吁吁
- 呼吸困难或胸闷
- 心跳加快
- 口干
- 紧咬牙关
- 手心出汗
- 手脚发麻
- 皮肤敏感
- 头痛或偏头痛
- 恶心
- 呕吐
- 难以放松
- 不自觉地颤抖
- 不停地咬指甲或嘴唇，抠身上的小疙瘩或抓挠皮肤
- 对声光敏感

未经审视的人生是不值得过的。

——苏格拉底（Socrates）

你的焦虑症状告诉了你什么？

焦虑症状的出现是身体向你发出“危险”警告的一种方式。无论症状如何，也不管它们以什么样的顺序和组合出现，都表明了一种潜在的威胁。那么，出现这些症状时，该如何应对呢？

- 多留心
- 多倾听
- 检查威胁是否真的存在
- 采取积极的行动

你可以不必受焦虑的摆布，这就是这本书的作用所在。

不是因为事情太难吓得我们不敢去做，

正是因为我们不敢做，事情才变得难了。

——塞内加（Seneca）

焦虑的蔓延

我们生活在一个充满压力的时代。压力无处不在。生活节奏加快，压力似乎也随之增加了。人类承受不了太多压力，当压力达到峰值，就会演变成焦虑。因此，了解这些危险信号和引起焦虑的原因是至关重要的。

数字化时代

砰(脉冲声)、哔(提示声)、嗡嗡(机器启动声),我们一天到晚都离不开各种设备,压力常常是因为频繁使用社交媒体引起的。使用社交媒体使许多人觉得如果自己没有天天狂欢,或是没有完美的身材、美好的爱情生活和一份高大上的职业等等,他们就错过了全世界。

经常刷脸书(Facebook)、照片墙(Instagram)、色拉布(Snapchat)和领英(LinkedIn)等社交媒体很容易让人觉得自己"不够完美",这就使得焦虑感增加了。

最近的研究表明,超过 55% 的人在上网看别人的照片时会产生负面反应,因为这些照片引起了他们嫉妒、羡慕、自卑和竞争的心理。我们被迫去了解各类最新的轰动事件和实况报道,每天二十四小时暴露在各种关于灾难和死亡的新闻报道面前,这一切都加剧了我们的焦虑感。

off

掌权

别忘了，你可以关掉你的设备。你大可以休息一下，花点时间来放慢生活的节奏。停止发推特（Twitter），也停止刷微博或朋友圈。

你随时可以这么做。

让自己“断网”一小时，或半天，那就更好了。关掉所有的电子设备，把注意力放在你身边的朋友、同事、家人、邻居、宠物猫或宠物狗——所有这些在生活中时时刻刻围绕在你身边的人或物上面。

接受

我们如何面对焦虑的蔓延，就是我们学习如何处理生活和应对压力的关键。压力既然产生了就不会凭空消失，要接受这个事实。事实上，随着生活节奏的加快和需求的增多，压力也可能会增加，因此你需要寻求一种新的方法来应对压力，让自己保持冷静和理智。

实验：花半天或一整天的时间，不听新闻，不看报，不上网查资料。让自己休息一下，抬头看一看天空，欣赏一下街道的颜色，或者观察野生动植物。

试着让自己放空一会儿，看看感觉如何。

让自己被温暖包围

焦虑是会传染的，尤其当你已经处于脆弱的状态时。

试试这个方法：

花点时间，闭上眼睛，在心里默想一个人——他/她可以是你的好朋友，或者是伴侣。

当想起他们的时候，你感到“兴奋”和温暖吗？还是有一种“沮丧”和冷漠的感觉？留心你内心的反应。如果感到冷漠或沉重，即使你再喜欢一个人，也要减少与他/她的接触。了解他人如何影响自己，并且有意识地保护自己，这一点很重要。如果你觉得你已经受够了某人，那么你很可能真的已经受够了。

你真的想克服你的焦虑吗？即使这样会改变你的习惯，改变你的思维方式、行为方式和应对方式，甚至包括改变你的朋友和所接触的人？

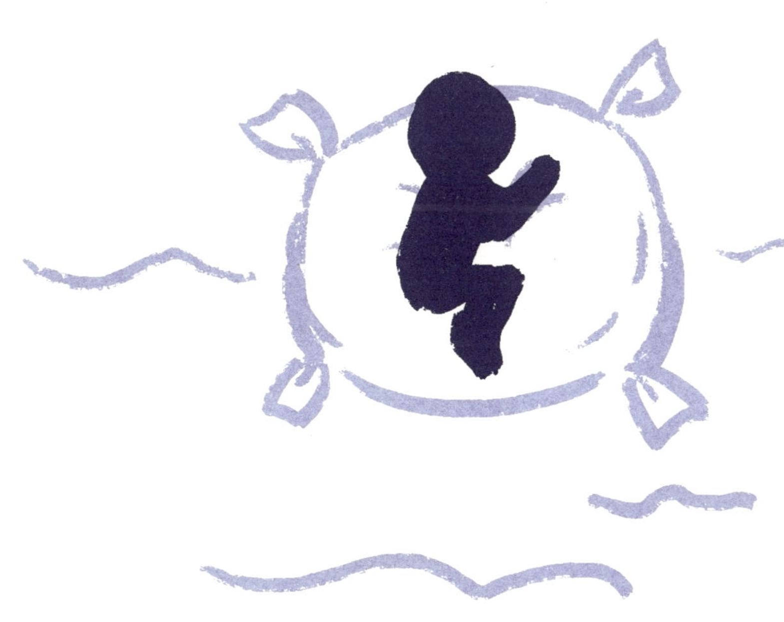

一个简单的放松练习

在家中或工作场所找一个安静的，可以独自一个人舒舒服服地坐上五分钟的地方。

闭上眼睛，深呼吸。

感受一下你身体的紧张部位：肚子、背、脖子、脑袋、下巴……或是其他地方。

仅仅感觉一下就好，然后深深地吸气、呼气，做五次。把气吸进你觉得紧张的部位，想象它们正在融化，就像软黄油或棉花糖在高温下融化一般……

然后睁开双眼，像猫一样伸展四肢，接着继续一天的生活。

诱因

每个人都会由一些因素而引发焦虑。

你可以把它们看作是早期预警按钮—— 一旦它们被按下，压力便产生了。

有时我们会把事情想象得比实际情况更可怕或更危险，这往往是由一些过去的经历所导致的，徒然地引发了焦虑。

想想那些引起你焦虑的场景——是暗夜里独自在街上走？还是在堵车？或是独自在家？

事情往往比我们认为的要好，但我们仍会感到不安，因为此时恐惧感已经取代了常识。

当你感到焦虑时，问问自己：我真的身处险境吗？或许仅仅是自己想象的而已？

花点时间来想想自己的诱因：

- 是什么引起了你的焦虑？
- 有什么规律可循吗？
- 注意到你的早期预警症状了吗？

我们将在本书的后面进一步探讨触发焦虑的因素，而现在，你只需记下脑海中浮现的东西。

push

我们这代人最伟大的发现就是，人们可以通过改变思想、态度来改变生活。

——威廉·詹姆斯（William James）

“焦虑”二字意味着什么？

与焦虑和焦虑的人相关的词语往往带有贬义色彩。我们身处的社会历来重视勇敢、坚强或有能力应对问题的人，而往往会轻视那些胆怯或表现出脆弱的人。

女性经常被不公正地描绘得不够坚强。当形容一个人“就是个女孩”或“跟女孩儿似的”，就等同于在谴责他们遇事总是容易惊慌或焦虑（更别提那些试图将男性与所谓的女性化联系起来的带有性别歧视的侮辱性比喻了）。

如果你感到焦虑，或者公开表达了你的焦虑，其他人会对你做出各种各样的假设，这些假设通常是负面的。毫无疑问，你已经知道有焦虑感的生活可能会很艰难，但想想看：感到焦虑的人往往拥有非焦虑者所没有的人格特质。他们往往更加敏感、更有创造力和想象力、更加灵敏和直率，为世界做出了许多有价值的贡献。那些艺术家、作家、演员、音乐家、发明家、设计师、创新者、科学家、作曲家、心理学家、心理诊疗师、治疗师、医生以及更多的人，他们通常都有敏锐的洞察力和领悟力。所以人们所说的“焦虑”……也并不总是坏事儿。

焦虑“炼金术”

焦虑往往被描述为负面的，甚至是贬义的，这样的标签既无益又悲观。长期的焦虑着实令人难以忍受，这是无法回避的事实，但重要的是，不要让它毁了你的自尊。

如何将以下这些消极的描述看作是积极的特征呢？请参考你自己的个性和焦虑症状，添加一些能用在你身上的描述。

比如说：

多虑 > 注重细节

亢奋 > 精力充沛

害怕 > 谨慎

现在换你来试试看。想一些人们用来描述你焦虑症状的词汇，并把它们转化为积极的特征。

尽可能地在你的日常生活中贯彻这种乐观的态度，不管你的沮丧是源于别人对你的看法还是你对自己的态度。

与焦虑有关的词汇：

你怎样思考，便成怎样的人。

每个人都是自己的杰作。

——米格尔·德·塞万提斯（Miguel de Cervantes）

五分钟减压练习

计时器定时五分钟。

舒适地坐在一处安静的地方，关注脑子里的想法。闭上眼睛，把它们想象成乒乓球或壁球，在墙上砰砰地弹起。看着它们蹦来跳去，从一个话题迅速转到另一个话题……

专注地呼吸。吸气，呼气，仍然关注着这些想法，但注意力不要被它们带跑，只任由它们自由弹跳，直到它们一个接一个地跳出视野，跳出房间。

保持呼吸。把你的注意力拉回到前额后面，头脑中心部位，让思想平静下来，感觉到那些想法正逐渐撤退，且不去理会它们。

继续保持呼吸均匀，并主动观察你配合着吸气呼气而起伏的胸部和腹部。

吸气时，在心里想着“起”，呼气时想着“落”。

计时器响起时，慢慢地睁开双眼。

观察一下四周。

自然地呼吸，你会发觉现在的你已经不那么焦虑不安了。

区分本人与特质

看待一个人不能只看他的某些特质，这一点很重要。这也包括看待你自己。

不要因为他是个多愁善感的人，就忽略了他的其他特质。试想一下，苏茜患有焦虑症——但她是一个很棒的朋友/厨师/舞蹈家。

请以同样的方式对待自己吧——不要因为焦虑而摈弃自己，认为自己很无用。请正确区分你的焦虑症状和你本人——你其实比你想象的要能干得多。

你首先是一个人，而你身上带有某些特质这一事实，是次要的。

良性压力与不良压力

良性压力是指你在完成某件事时所需的适当的精力和注意力。此时激增的肾上腺素能帮助你干劲十足地按时完成任务。良性压力有助于提高效率，从而达成目标。

当你感到超负荷时，不良压力便产生了。太多相互冲突的需求，会同时将你往不同的方向撕扯，令你身心疲惫。不良压力会使你感到不堪重负，甚至生病。最终，它会让你觉得自己是个失败者。

我们都需要学会区分生活中的良性压力和不良压力，在消除不良压力的同时，重视和发展良性压力。

有压力是一定的，它会一直存在。压力是极为普遍的现象。压力就是生活。我们如何预测，如何应对，如何与之共存，如何转变它，这些都将产生重大影响。

人无法阻止潮起潮落，却可以学会乘风破浪。

——乔·卡巴金（Jon Kabat-Zinn）

有焦虑倾向的人常常纠结“如果……会怎样？”：“如果我在高速公路上遇到车祸了会怎样？”“如果……”

焦虑者的心态

你一旦有了焦虑心态，就会不断地琢磨、思考未来，挑过去的毛病，不停地分析、忧虑，对那些已经发生或可能发生的事情吹毛求疵，常常搞得自己筋疲力尽，最终却毫无结果。

有焦虑倾向的人常常纠结“如果……会怎样？”：“如果我在高速公路上遇到车祸了会怎样？”“如果我下雨天淋湿了会怎样，可能会得肺炎而死吧？”“如果我说了蠢话怎么办？”……这种焦虑在很大程度上来自于对未知的恐惧和对冒险的恐惧，以及对未知事物毫无准备或无力应对的担忧。

另一种常见的纠结是“要是……就好了”：“要是我们早点起床，就不会被耽搁了。”或者“要是我有一百万英镑，就不会有任何金钱上的烦恼了。”“要是我没有吃那块蛋糕，就不会生病 / 长胖了。”……这种焦虑略带一丝遗憾，常常用来掩饰愤怒和不满。

第三种焦虑心态表现为纠结“本该、本来可以、早该”。这种心态考虑的是本该做的、本可以做的和本会发生的事情。这是最糟糕的一种消极心态，因为它会迫使你为过去、现在和未来可能发生的事而不断地自责。

这种心态会耗费一个人大量的精力。当我们因过度担忧而试图改变过去的时候，就会变得相当偏执。“我应该早点起床，这样我们就能赶上那趟火车，就能见到女王了……现在一整天都给毁了，连整个假期都给毁了。”“本该、本来可以、早该”也可以是指责他人的一种消极的攻击方式。不管怎样，当你在不断地尝试改变过去和未来，却无法活在当下时，通常会抹杀一切积极的想法。

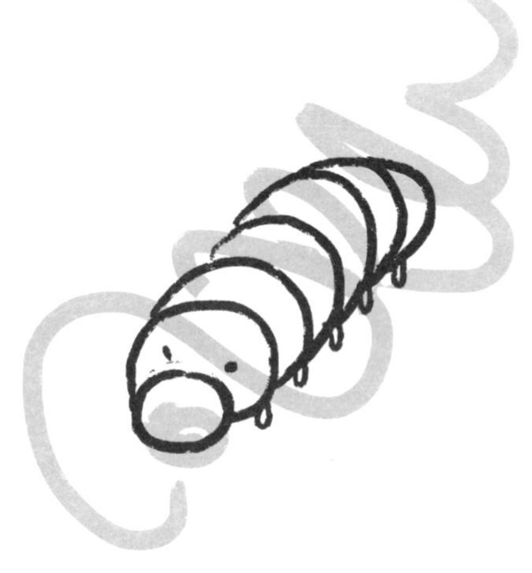

把焦虑抛诸脑后

焦虑心态常见于以下人群：从小在焦虑的父母或照顾者身边长大，生活中经历过许多挫折创伤，或有过一些糟糕的经历却无人扶持。焦虑也有可能是天生的。但不管怎样，症状都是一样的，那就是在事情真正发生之前就把大量宝贵的精力消耗在无谓的担心上。

这不仅会让你自己很痛苦，同时也会令身边的人感到疲惫和烦恼。这其实就是个坏习惯，一个可以被改掉的坏习惯。如果愿意，你完全可以学着去征服它。关键在于，要学会如何在开始焦虑时控制住自己。

细想一下你自己属于哪类纠结人群："如果"型、"要是"型，还是"本该、本来可以、早该"型？也可能三种想法都有过。下次，当你开始产生这些想法时，请一定注意，不要为此自责。相反，你要尽量保持清醒。

控制住自己。然后，慢慢地调整自己，渐渐地，你就能学会防患于未然，在事态失控之前保持冷静。

这其实就是在改掉一个坏习惯。

用一些新鲜事物来替代它，这样便可以把焦虑抛诸脑后了。

生命的奥秘在于平衡，少了平衡，生命就面临毁灭。

——赫兹拉·伊纳亚特·汗（Hazrat Inayat Khan）

焦虑的持续恶化

焦虑感很容易急剧上升甚至失控。一旦你对一件事感到焦虑，所有其他的事情也会随之开始盘旋，使你迅速陷入焦虑的旋涡，开始为一切大小事情担心。这种情况还经常发生在半夜。

因此，任由焦虑持续恶化是一个务必要抛掉的大陋习。

螺旋梯

想象你在一个螺旋梯上，一路向下走，一步步进入黑暗之中。你并不喜欢这种感觉。走到一半的时候，你想从楼梯上下来，但是你既不能回头往上走，也不想继续往下走。

这时有人扔给你一根绳子。你抓住它，随之被拖了上来,重新回到阳光下,呼吸着新鲜空气,重回自由。

这是一个有效的心理画面，可以用来帮助你停止焦虑。

你必须控制住自己不继续往下走，抓住那根绳子，迈开步子往上走，重新认识自己，找到自己内在的力量。

一圈又一圈，告诉自己停止向下行。下定决心，停下脚步，从楼梯上下来，不再往前。如果你很难控制你的思维方式，不妨试试本书建议的放松练习来分散你的注意力。

要时刻牢记，改变情绪是由你来决定的，一切都是意志使然，这一点很重要。

社交焦虑症

有些人在与人见面或进入社交场合时会倍感焦虑。这样的人不在少数。当与陌生人接触时，大多数人都会感到某种程度的害羞或尴尬，这很自然。然而，有时这种感觉会强烈到令人难以应对，甚至完全妨碍到我们的生活。

社交焦虑症通常来自于过去被伤害的经历，比如曾经受人嘲笑或欺凌。试着去了解你在别人面前害羞的原因非常重要，这样你才能有针对性地做点什么。

有些人天生就觉得社交困难，这可能属于自闭症的范畴（此病可诊断，详见“帮助”章节）。对很多人来说，社交焦虑源于自感能力不足或自卑：认为没有人会和你说话；即便他们和你说话，也会发觉你很无聊；或许你会无话可说；你也可能会感到难为情和尴尬，无法自在从容。

如果你有社交焦虑症，你在做一些决定时最终可能会考虑以不与人交流互动为原则。你可能会尽量避免参加聚会或和朋友外出喝酒。也可能会因为害怕面试失败而决定不申请某份工作。约会就更别提了。

有时候，社交焦虑症患者倒是能活跃在网上，因为他们觉得虚拟世界更安全。网络是一个好的起点，但真实的面对面的接触会给你更多，尤其是更长期的安全感。

值得高兴的是，如今，人们比以往任何时候都更能理解和接受社交焦虑了。你再也不必隐藏所有的焦虑情绪，尽管大方承认自己的害羞或尴尬。

这样做实际上还挺受欢迎，因为如果对方也感觉害羞，便会因此而感到释然。

你的焦虑和恐惧并非你的全部……你的生活大可不必由它们来掌控。

——乔·卡巴金（Jon Kabat-Zinn）

改变的悖论

焦虑与我们的生存本能有着固有的联系，所以很难完全去掉它。然而，总是感到担心、焦虑、恐慌和紧张却又令人十分痛苦。

一些患者对我说："我想要减轻焦虑。"

我的回答是："那么你打算怎么改变你的现状呢？"

答案往往是"但我讨厌改变"，而他们真正的意思是"我想改变……只要我不必真正做出改变"。

我把这种想法称为"改变的悖论"。如果想要长期减轻焦虑，想要消除紧张和受恐惧支配的感觉，你就要下定决心，积极地改变你的行为和思维过程。

改变包括尝试新事物，改变旧习惯，开拓新思维，和创造新的生活方式。就相当于鼓励自己去体验那些你害怕的事物。这些办法都无法让你速战速决，过程中可能还要做出一定的牺牲。

花点时间诚实地问问自己：变化悖论是否正发生在你身上？你是否在阻止自己改变？你在给自己设置障碍吗？你对自己够严厉吗？

坚持

握紧你的双手。

体会一下双手紧握的踏实感，感受其中的力量。此刻你与你自己同在。

既坚实又可靠。仅凭你一人就足够支撑自己坚持下去。

只要你想改变，就一定做得到。你只需要看到自己内心的强大。

只要握紧双手，此时此刻，你就能做到。

害怕改变

你是否害怕如果不再忧虑会发生什么?

有时人们谈到自己的焦虑，就仿佛在聊他们的挚友一般。焦虑被他们视为某种不愿放弃的东西。“我生来如此”或者“我是一个神经质的人，这就是我”这样的说法很常见。诚然，我们每个人都是独立的个体，以独特的方式存在，有时接受改变会让人觉得受到某种威胁。

但请记住：即使你为了消除焦虑而对生活做出了巨大的改变，你仍然是你……只是可能变成了一个更冷静的你，一个更有能力在危机中发挥作用、更有能力应对未知、更少受到恐惧的阻碍和折磨的你。

只有下定决心改变自己，你才能学会怎样理解并战胜自己的改变悖论（如果你有决心的话）。

给自己一个承诺，就在此时此地，你要做出改变。

既然凡事都那么危险，也就没什么是真正可怕的了。

——格特鲁德·斯泰因（Gertrude Stein）

为何焦虑？

面对危险时，我们都会有复杂的神经生理反应。受到威胁时，我们的自主神经系统会立即采取行动。内分泌系统释放出激素，使心脏跳得更快，为血液充氧。与此同时，肾脏将肾上腺素和皮质醇分泌到血液中，使肌肉可以更快地运动，四肢可以更长时间地应付强度更大的工作。在我们还来不及思考的时候，就会自然产生以下三种反应之一：

对抗　逃跑　静止不动

这些生理反应可能会使我们的感觉瞬间变得强大，更有能力去对抗或逃跑。相反，也可能会使我们屏住呼吸，一动不动。发生这种情况，是因为大脑在肾上腺素和皮质醇的刺激下加速运转，使得过度兴奋或震惊的我们觉得时间突然慢下来，甚至静止不动，于是我们绷紧每一块肌肉，使其保持静止。

你有过怎样的经历呢？曾经感到过威胁或身处险境吗？当时你的身体作何反应？大脑的反应又如何？你都做了些什么？事后感觉如何？

笔记:

我们只有充分经历痛苦，才能从痛苦中痊愈。

——马塞尔·普鲁斯特（Marcel Proust）

焦虑后遗症

在经历了“对抗、逃跑或静止不动”的反应后，通常会有一个“回落期”。此时由于感知到威胁或真实危险，我们的身体必须去处理那些为了应对危险而起的生化反应，大脑也要对刚刚发生过的事情进行信息处理。

此时血液中可能含有过量的化学物质，导致身体机能必须重新调整才能恢复正常，这就可能导致焦虑的后遗症。焦虑后遗症表现在许多方面，比如紧张、出汗、无法入睡或极度困倦，吃不下或异常饥饿，易怒或沉默寡言。症状可能会在焦虑发作后立即出现，也有可能在几小时、几天，甚至更久之后才出现。

你的生理和情感反应取决于威胁持续的时间长短，是短暂性的（比如走在街上突然受到惊吓）还是持续性的（比如在一段关系中受到虐待），以及这一威胁是已被成功避免（虚惊一场）还是实实在在经历过的。

要记住，所有上升的都必然要回落。即使尚在恐惧和恐惧的余波中，过后也会感觉好起来。

一切都会好起来

当感到紧张不安的时候，有一种方法可以提醒你自己，那就是闭上眼睛，就一小会儿，脑子里想着一件美好的事物：一朵花、你的猫、你的孩子、一片海岸、一棵树、一次愉快的散步、一片晚霞。

均匀呼吸，想象那个画面。

一切都会好起来，保持呼吸，全身放松。

梦

焦虑的余波会导致睡眠紊乱、多梦、不安。当大脑在试图处理你的恐惧时，你可能会做噩梦、盗汗和重复做同一个梦。在为一场面试或第一次约会做准备或正在搬家时，这些重要事件常常令你因焦虑而做噩梦。在经历了一件可怕的事件过后也可能有类似的反应。做梦就是你的大脑在处理这些经历和所引发的情绪的一种方式。

你会发现坚持记梦的日记很有帮助，它能监控你是如何处理恐惧的——从而判断这个过程是有意识的还是无意识的。

如果你在夜间醒来时感到焦虑，试着用手机录音来记录你的想法，因为大声说出来通常有助于释放压力和恐惧。

把你的恐惧写下来，或者大声说出来，都可以帮助你回到平静的睡眠中。

我们的焦虑不是来自对未来的思考，而是来自想控制未来的欲望。

——卡里·纪伯伦（Kahlil Gibran）

创伤

如果你曾经目睹或亲身经历过身体、情感或性的虐待，经历过死亡、灾难或犯罪，经历过一场事故或一次受伤，你可能会经受一段漫长时间的高度焦虑，并演变成一次精神创伤。

如果你曾受过创伤，你会在情感上一次又一次地重新体验那件可怕的事情，以便搞清楚它的意义所在，在这个过程中会出现很多症状。创伤的一个主要症状就是使焦虑加剧，随着时间的推移，焦虑可能会演变成慢性的。

想一想，过去经历的某次创伤是否会导致你的焦虑。

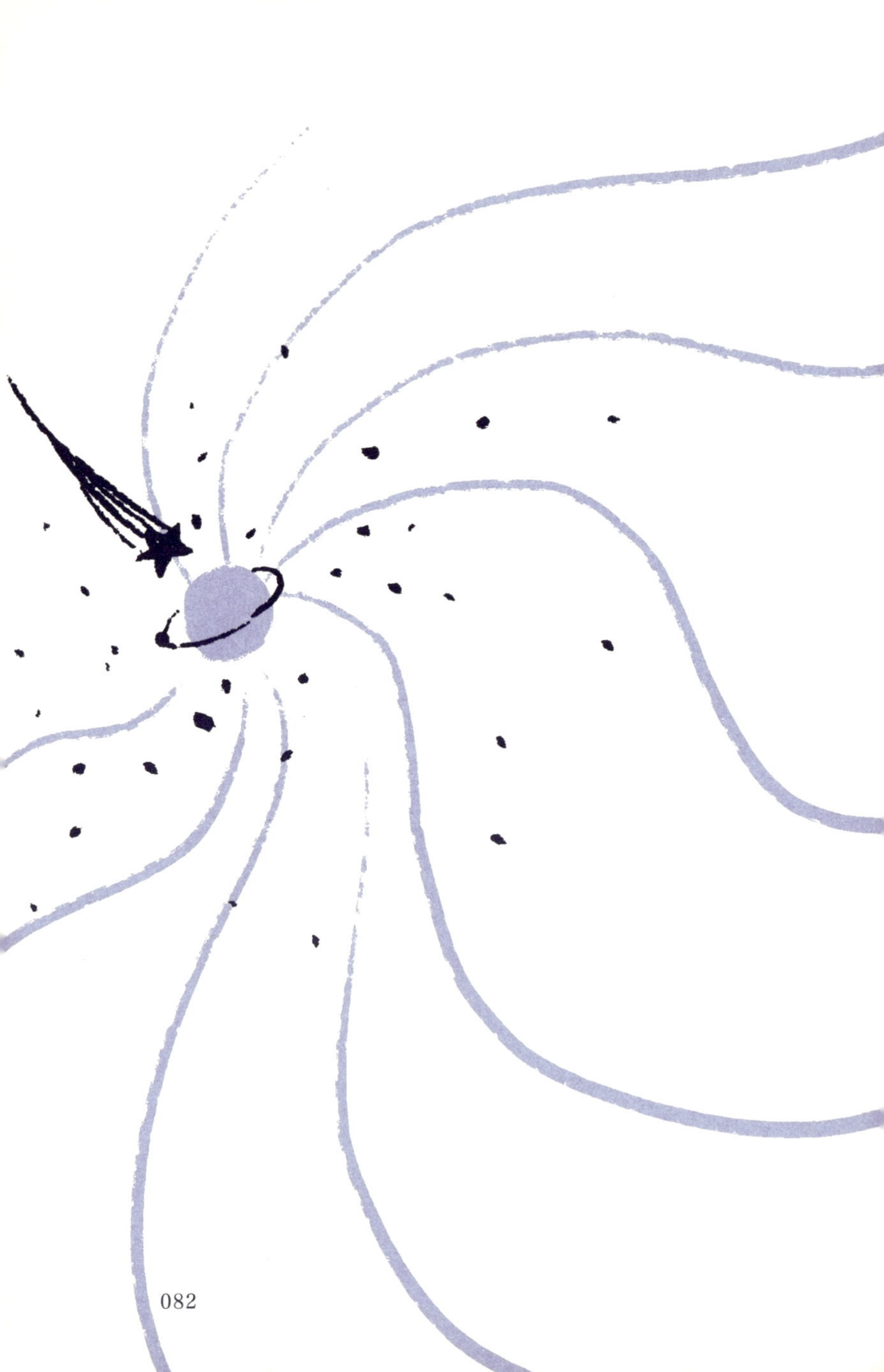

抚慰你的创伤

躺下或舒服地坐着。把计时器调到十分钟。

闭上双眼。缓缓地深吸三口气。想象一个你曾经到过的可爱的、平静的地方，比如一座美丽的花园或一处海岸边。

想象你正在花园里穿行，欣赏那些花；或沿着海岸散步，脚趾陷进细软的沙子里。一边走着，一边观察花园里各种颜色的花朵；或者望向大海、天空，海天一色。想象你独自走着，平静一如往常，阳光照在你的背上，你欣赏着周遭可爱的景象。

继续漫步在你的脑海里，保持缓慢而又深沉的呼吸。

让你的思绪停留在那美丽、宜人的场景里。

计时器响起时，慢慢睁开双眼。

慢性焦虑

当你无法切断恐惧的循环，感觉危险无处不在时，就会产生慢性焦虑。它就像一个红色警报按钮，被卡在了“开启”的位置上，导致你的肾脏、心脏和其他器官不断地释放出生化物质，以对抗真实存在的或想象中的威胁，结果让你的大脑和身体承受着无休止的压力。千万不要低估慢性焦虑对健康的影响，无论是短期的影响（如呼吸困难、哮喘、高血压、成瘾等问题），还是长期的影响（如慢性疲劳综合征、心力衰竭、肾衰竭、癌症等）。慢性焦虑还可能会导致强迫症（OCD），严重地妨碍你的生活。你可能会惧怕外出（旷野恐惧症）、害怕过于封闭（幽闭恐惧症）或爬得太高（眩晕）。

此外，如果这些想法和感觉太过强烈，持续时间太长，并且伴有睡眠不足等症状，为了重获内心的平静和对自己的掌控，或得到最终的解脱，患者会轻易就想到自残或者自杀。重要的是，千万不要“忍受”焦虑，一有症状就务必开始采取行动。我们已经在前文研究过良性焦虑和不良焦虑之间的区别。如果你的焦虑还没演变成慢性的,那么就赶紧采取措施把它消灭在萌芽状态。

寻求帮助

接受帮助并不可耻。和你信任的人分享你的恐惧，比如朋友、医生或家人。慢性焦虑是完全有可能缓解的，但这确实需要努力。首先要做的就是下决心寻求帮助。主动向人求助，把自己放在第一位。你其实并不孤单无助。

如果你正与慢性焦虑做斗争，寻求专业的帮助尤为重要。如果是这种情况，请务必参阅本书后面的参考资料以寻求帮助。

感谢那些带给我们快乐的人，他们是让我们灵魂绽放的可爱园丁。

——马塞尔·普鲁斯特（Marcel Proust）

看医生或治疗师

如果你的身体正经历着一些症状和生理变化，这着实令你担心，不妨去看医生或找治疗师。去普通医生那里就诊通常等同于做“现状核实”。你可能会发现心理医生更有可能从心理层面去理解你的身体症状，因为他们所受的专业训练要求他们更全面整体地观察病人,所以他们会同时关注你的情绪状态和生理状况。

如果你特别害怕生病，就可能患有疑病症（又称健康焦虑）。这是一种因焦虑衍生出来的病症。你应该去寻求心理方面的帮助来应对它，最好是接受心理治疗。

你还会发现，一些非传统医学的治疗师其实很适合你：针灸、穴位按摩、灵气疗法和反射疗法，这些疗法都非常有助于放松。

看心理医生并不丢人。每个人都需要不时地与信得过的人推心置腹地交谈，这样的交谈有助于缓解焦虑和身体上的压力。

我们需要更着眼于我们的健康，而不是讳疾忌医，掌控权其实就在我们自己手中。

凡不能毁灭我的，都将使我更强大。

——弗里德里希·尼采（Friedrich Nietzsche）

继发性创伤

越来越多的心理学、生理学和科学证据表明，终日忙碌、压力重重的生活方式正在严重伤害着我们的身心，尤其是电视、广播和社交媒体等各种媒介不断充斥着我们的生活，这意味着我们中的许多人始终得不到休息。

对爆炸、战争、凶杀、事故、自然灾害等令人沮丧的新闻进行实时报道，会使我们的个人焦虑水平上升。从某种意义上说，我们中的许多人都经历过“继发性创伤”，即使离这个恶性事件很远，我们的焦虑反应也会被触发，引发“对抗、逃跑或静止不动”的反应，从而导致潜在的慢性焦虑。

铺天盖地的媒体报道带来的问题之一就是，很多人会认为这个世界并不安全，每个街角都有攻击者，我们不断地受到各种威胁。这些担忧不无道理，因为我们每时每刻都能在各种设备上看到以上情况的发生。

事实上，不管媒体报道给我们带来什么样的导向和感觉，大多数专家仍相信我们比以往任何时候都更安全。真实情况是，战争减少了，杀戮减少了，整个社会安定多了。只是由于现代媒体的宣传曝光能力更强了，使得我们的感官超载，因而产生了更加强烈、持续性的威胁感。

正面新闻

选一份报纸或进入你喜欢的新闻网站。上面有多少正面的新闻故事呢？把它们都记下来。现在，把你今天看到或听到的所有好事统统记下来，无论是小到有人在公车上对小孩做鬼脸，还是大到像同事刚生了孩子或者当地某个英雄获了奖。我敢打赌，一定会多到写不完。

正面新闻:

生活中最大的困难往往是我们自己造成的。

——索福克勒斯（Sophocles）

广泛性焦虑障碍

“广泛性焦虑障碍”是一个医学术语，指的是对各类不同的情况和问题都感到焦虑，而不仅仅对某特定的（创伤性或其他）事件感到焦虑的一种情况。

你的焦虑程度主要取决于三件事：

第一，先天因素。你可能来自一个对刺激的反应比其他人更强烈的家庭（因为人生而不同）。

第二，家庭的影响（后天因素）。如果你的父母或亲戚对某些事物高度敏感，这可能会对你产生影响，因此你很可能会在类似的情况下感受到威胁。

第三，社会文化和环境的影响。如果你在战乱中、经济困难或受压迫地区中长大，或者经历过灾难或创伤，这些都会影响你的反应。在人群聚集的地方会加剧你的焦虑，甚至导致恐慌。广泛性焦虑障碍实际上意味着你的焦虑按钮一直处于“开启”状态。这样会导致强迫性思维、极端的想法，和对所感知到的危险做不必要的回避。然而，即使你对很多事情感到焦虑，很多时候，你仍然可以做一些努力来减轻自己的焦虑。

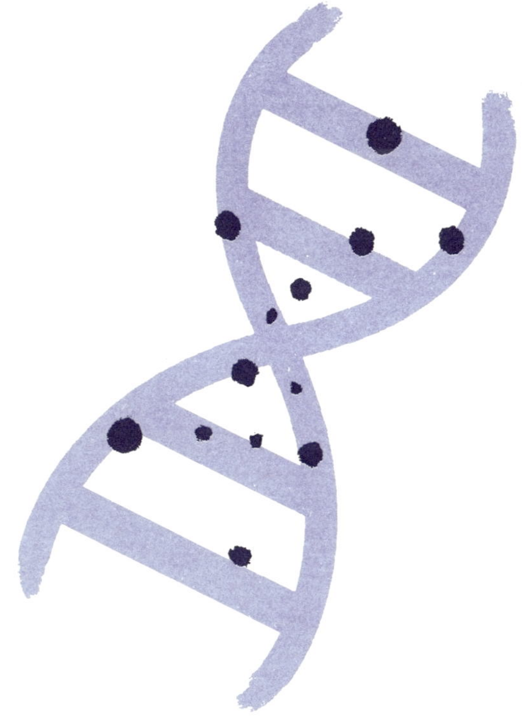

焦虑与药物治疗

如果你感到焦虑来得势不可挡，或是长期处于焦虑当中，建议你去看医生寻求治疗，或者和治疗师谈谈如何服用一些药物来缓解你的焦虑。重要的是，随着症状的加深，绝不能坐视不管。

有时候，比如你在想办法改变你的生活时，或者正在经历类似离婚、断瘾或公司裁员这样让你长期处于压力之下的状况时，同样需要缓解压力。

然而，越来越多的证据表明，有其他非医学的方法可以应对焦虑的生理和心理症状，这一说法也得到了 NICE（英国国家卫生与临床优化研究所）的认可。这些方法包括正念冥想法、认知行为疗法、替代疗法和谈话疗法。你的医生应该和你讨论这些疗法，你也可以随时主动向他请教或请求推荐转诊。

遛狗
正能量
种菜
聊天
治愈

什么样的思想造就什么样的生活。

——马可·奥勒留（Marcus Aurelius）

恐慌发作

有时，极度的焦虑会在你最意想不到的时候发作。你头脑中的某些东西（如记忆或认知）、你周围的环境（如感觉受到威胁或处于真正的危险之中），或是在你有意识地注意到它之前就已经感知到的某些东西（如某种气味或声音）都有可能触发恐慌症。它很可能在你还来不及认识或了解其诱因之前就开始发作了。

恐慌发作的典型症状包括但不限于以下所列：气喘和感觉无法呼吸，面部和四肢麻木，手/脚刺痛，不真实感，恶心或呕吐，急需快速逃离一个地方，巨大的恐惧感，强烈的担心，冒冷汗或热汗或两者兼有，双手和皮肤湿冷，口干，有如厕感或频繁上厕所，脑子一片空白感觉无法思考。

恐慌还可能会一波接着一波地袭来。如果你经历了一次发作，就可能在短期内接连几次发作，这本身非常令人痛苦。诚如你会为自己的焦虑症而感到焦虑，你也可能会对恐慌症感到恐慌。

对付恐慌的唯一办法就是学会防患于未然。你必须懂得识别触发恐慌的诱因，并有效地回避或应对它们。

识别诱因

快速记下你注意到的能引起你恐慌的每一件事。它可能是频闪灯，也可能是某种特定食物的味道，或是拥挤的火车、巨大的噪声或某只狗。把这些事物都记下来，才能时刻提醒自己，你对它们很敏感，要么尽量躲开这些事物或状况，要么在遇到的时候头脑清醒地去对付它们。

了解引发你恐慌的诱因是克服恐慌的一个重要环节。

一旦恐慌已经开始发作，你就要弄清应该采取什么措施，症状越早得到控制越好。

EXAMS

应对恐慌

呼吸。你可能觉得你做不到，但你能做到。

放慢你的呼吸频率。

在心里默数到十：一、二、三、四……依次往下数。

一边继续数数，一边慢慢地吸气和呼气，然后开始倒着数：十、九、八、七……

告诉自己你会没事的。这只是害怕而已，只是感觉，是会过去的，只需一阵子。

一旦恐慌发作，了解其诱因并学会如何应对你的恐慌，会让你好得更快，并且，能更长期有效地阻止焦虑和恐慌的升级。接下来几页的资料和练习将帮助你做到这一点。

战胜恐慌

如果你从未恐慌发作过，它随时可能会在你不备时袭击你。事实上，即使你经历过上百次，也仍然觉得很可怕。建议试试下列小窍门来减少恐慌：

1. 尽可能地熟悉你自己，熟悉你通常要发作时的症状——你越了解你的诱因，就会准备得越充分。

2. 确信自己是安全的！即使你感到惊慌失措，实际上你也还是安全的，完全没有必要害怕。即使你感到害怕，也不会死。

3. 保持呼吸。注意力集中到呼吸上。慢慢地呼气。然后吸气，再呼气。做十次。照这样做几个循环，每次都比上一次做更深的呼吸（但尽量不要换气过度）。如果开始感觉头晕目眩，就放慢速度，并呼吸得浅一些。

4. 朝地上跺跺脚，感受地的结实。

5. 手上抓住点什么，比如椅子的扶手、栏杆，甚至可以抓住自己的手。

6. 告诉自己，“我能做到，我能渡过难关，一切都会过去的”。

7. 慢慢地从一数到十，再从十倒数到一。

8. 放慢你的脚步，不要开车，或走出房间、公共汽车或火车，呼吸新鲜空气。别着急，给自己留点空间。

9. 如果症状还在继续，试试唱歌吧（尤其是在私人空间里，比如在车里、家里或浴室里）。可以随意地“啦啦啦”，也可以唱类似《捉泥鳅》那样的童谣或你喜欢的歌曲。大声唱歌可以使你感到愉快，从而阻断恐慌症状的发作。

10. 散散步。即使是从办公室或房间的这一头走到另一头，但最好是到户外去。

11. 继续保持呼吸。伸展你的手指和脚趾，并做深呼吸。祝贺自己熬过了生命危险的时刻，同时注意你周围的三样美好事物（比如盆栽植物、红色鞋子、天空等）。

笔记:

如果世界上只有欢乐，我们就永远学不会勇敢和耐心。

——海伦·凯勒（Helen Keller）

锻炼身体

运动也被认为是一个巨大的“减压器”，因为运动能激发人体释放令人感到愉悦的内啡肽。我们还知道，我们的饮食习惯，咖啡因、酒精、尼古丁和糖的摄入量也会影响我们的镇静与兴奋程度。

你可能常常觉得自己没时间锻炼，或者你无法说服自己去健身房或到户外去锻炼。那么就从做家务和园艺开始吧。上下楼梯，清洁物品，修草坪，然后逐渐强化你的运动计划。你也可以在家里伴着喜爱的音乐翩翩起舞。

你可以利用手表、腕带或手机上的应用程序，通过计算步数来帮助自己做更多的锻炼，鼓励自己活跃起来。

总的来说，为了减轻焦虑，你可以做很多事，我们将在这篇日志的其余部分做更多的探索。

身体和大脑是互相关联的，因此你只有照顾好自己的身体，才能减轻焦虑。

活着就是受苦，生存就是在苦难中寻找意义。

——弗里德里希·尼采（Friedrich Nietzsche）

认知行为疗法（CBT）

认知行为疗法（CBT）

对付焦虑最有效的方法之一就是 CBT 认知行为疗法。CBT 会教你如何改变思维方式，这样一来，你的行为和感觉就会和以往不同。它将挑战你对自己和对世界的所有看法，并教会我们用一个循序渐进的方法来克服焦虑以及随之而来的所有感觉和症状。

学习 CBT 通常需要大约六周的时间，但也可以长时间进行训练。你可以在网上找到很多相关的课程，也可以阅读相关书籍和咨询 CBT 治疗师（参照本书后面的进一步阅读和帮助部分）。

认知行为疗法被认为是一种非常可靠的疗法，在治疗焦虑症方面，和药物一样有效。

然而，说到底还要靠你的坚持不懈。这的确需要一些努力和决心，你必须“勤加练习”才能让它真正起作用。根据大多数人的反馈，这种疗法非常值得一试，因为治疗后的效果真的改变了他们的生活。

CBT 简要介绍

CBT 三个字母分别代表：

COGNITIVE 认知——如何看待事物 / 事件（你的感知）。

BEHAVIOURAL 行为——如何对事件（或感知到的事件）做出反应，以及这对你的思想和感觉有何影响。

THERAPY 治疗——如何通过“测试”自己来改变你的想法和行为。

认知行为疗法（CBT）：举例

假设你对自己有一种认识（即认知），那就是你无法忍受蜘蛛。为了进行测试，CBT 治疗师会先让你估算一下自己有多害怕蜘蛛（尖叫代表害怕程度为 100%）。然后，再给你看一只蜘蛛（甚至仅仅只是一张蜘蛛的图片），可能只让你远远地看一眼，先让你习惯与一只蜘蛛共处一室。此时，CBT 治疗师会再次让你估算自己的害怕程度，大多数情况下，恐惧感较第一次已有所减少（比如减少到 80%），因为面对现实往往不像你想象的那么可怕。

最终，你可能会试着慢慢接近蜘蛛，甚至把它放在手上。直到最后，你可能丝毫不害怕了，甚至还可能会考虑养一只蜘蛛作宠物!

CBT 正是这样让你一步一步地面对自己的恐惧，并不断评估自己的感受。你会逐步改变自己的行为（例如，把蜘蛛放在手上），并随之改变你的感觉和对自己的看法（即认知）。这就是认知行为疗法的原理。

通过让你直面恐惧并调整自己的感觉，你可以应付各种形式的焦虑：恐惧症，强迫症，幻想症，恐慌症。

在家也可以做 CBT

CBT 最好由专业人士来进行训练，但你可以尝试采用一些新的方法来缓解焦虑。关键是要正确区分你的思想、感情和行为。

试试这个 ABC 疗法：

A：代表一个激活事件——例如，你必须在工作时起立做一个演讲。今天是什么引发了你的焦虑？

B：代表你的认知——你看待自己的方式（你的道德、个人准则、观点等）。例如，我做不了这个，我在学校考不及格，我在演讲方面很糟糕。

C：代表后果——你的感觉、行为、想法、亲身体验，以及你的情绪。例如，演讲使你感到害怕和焦虑，紧张会让你更好地发挥，也会使你索性逃避演讲。

我的 ABC 分析：

暴露法

认知行为疗法鼓励你不要逃避那些引起焦虑的事物，一味地逃避是无法克服焦虑的。

事实上，任由这些事物在你的心里、生活习惯里、自我形象和信念中变得根深蒂固，只会让情况变得更糟。

相反，认知行为疗法会让你直面你的恐惧。虽然要面对的正是你的焦虑源，但你可以在他人的帮助和扶持下循序渐进。

这个过程叫作“暴露”。

一旦你开始面对一些令你害怕的事情，并发现自己可以做到，就可以继续积累类似的经验，然后开始进一步尝试。认知行为疗法可以帮你改变你的处事方式，你的感受和行为也会随之改变，然后渐渐地，也会因此产生不同的想法。你也可以直接通过行为的改变来改变自己的思维方式。

认知行为疗法可以帮助你在生活中掌握主动权，驾驭自己的人生。然而，好比司机开车，你首先要坐进驾驶室，学会开车，把车发动起来，方能一路驰骋。这一切都需要努力。但这些努力是值得的。

将“暴露”法付诸实践

假设，在众人面前发言常令你感到非常焦虑。光是这个想法就足以让你双膝颤动，浑身发抖，想想就觉得浑身不舒服，简直就像经历人间地狱——你认定自己会相当难堪，且永远无法释怀。这便是你的认知过程。但是，当你最好的朋友要结婚了，想让你在婚礼上说两句（这对大多数人来说都是件伤脑筋的事）。为了挚友，你决定挑战一下自己。先是对着猫练习，进而在若干朋友面前演练，最后才是动真格的。你会得到积极的反馈。你成功改变了你的行为习惯。

这一天，尽管你全身发抖，你还是站起来读了演讲稿，并赢得了掌声。在开始之前，你预估自己的恐惧指数为95%。然而，当演讲结束后，周围一片笑脸和掌声，你意识到自己的恐惧指数已降到45%左右，甚至更低。面对现实使你成功地减少了恐惧。你以身试验，并绝路逢生。事实并没有你想象的那么糟，因此你的焦虑感在不知不觉中减轻了。这就是认知行为疗法的工作原理。勇敢直面和挑战你的恐惧，就能战胜它们。现在，考虑一下如何在你的生活中实施这个方法吧。

消极无意识思维

认知行为疗法有一个模型可以有效地解释我们的思维是如何工作的。

想象面前是一杯卡布奇诺咖啡。浮在最顶层的泡沫代表“消极无意识思维”。这就是消极想法像泡沫一样升腾到顶部形成的表层思维。

这些“泡沫思维”代表了我们对自己的所有消极信念，在我们的脑中嗖嗖地窜来窜去，常使我们焦虑万分。通常这些想法都带有自我攻击性：我真没用、没有人会爱我、我永远不会成功、我会孤独终老、我总是失败、我太胖了、我怎么又这么倒霉。

这些想法不仅击垮了我们的内心，还削弱了我们的自尊心。它们在脑子里四处乱窜，对我们一点儿好处都没有。

其实，我们大多数人都有消极无意识思维，并且常受它们的控制，这对我们十分不利。

你最常产生哪些消极无意识想法?

功能失调性假设和信念

在卡布奇诺的奶霜下面，是这杯咖啡的主体部分：一团乳白色的“功能失调性假设和信念”。

这些都是你挥之不去的关于自己的想法和信念，它们充斥着整杯咖啡，使之变得黏稠，并从内部攻击你。它们不像消极无意识思维那么容易被发现，是一些在你心里隐藏得更深、更无意识的对于自身或生活的观点。

功能失调性假设体现为一些类似于这样的想法：坏事总会接二连三地发生；或者，如果我和别人争论，他们会认为我自私，所以不管我感觉如何，最好还是屈从他们。

这样的假设会给自己找麻烦，仿佛是一些可以自我实现的预言。功能失调性假设的本质是一些无意识的信念，通常非常刻板和极具控制性，就像卡布奇诺中的热牛奶，把你的消极思维（泡沫）不断往上顶。

你对于自己最常见的功能失调性假设是什么？

核心信念

在这杯咖啡的底部沉淀着的浓缩咖啡即代表你的核心信念。它们沉淀在功能失调性假设的底部，渐渐形成泡沫往上升腾，直到出现在咖啡的表面，形成你的消极无意识思维。

因此，在你内心的最深处，极可能有这样的想法：我毫无价值、我运气太背、没人喜欢我、我一无是处。你的核心信念就是那些关于“你是谁”和“你的价值所在”的想法，它们在你的内心深处根深蒂固。它们的产生可以追溯到你的童年，长久以来一直在内心深处控制着你。核心信念通常产生于一些由来已久的负面情绪，比如愤怒、恐惧、耻辱、羞愧、窘迫、自我厌恶等。

由于你的核心信念经常被深埋于心，要最终探知它们，你只能先通过认知行为疗法来获知你的消极无意识思维，再层层深入，这样相对容易一些。

因此，要先从搞定“泡沫”入手。

Cappuccino

思维误区

当你带着“把一切尽抛脑后”的心愿外出度假时，实际上，此时正在度假的你还是原来那个你。《身在，心便在》，这个绝妙的标题来自乔•卡巴金博士的一本关于正念的书。所以，我们或许认为自己可以成功逃离现实生活，但无论身处何地，我们的思维模式都是不变的。如果任其发展，只会让自己陷入困境。

在认知行为疗法中，这些决定你人生道路的消极心态被称为思维误区。它们就像导航地图，我们不假思索地沿着某些特定的路径前行，坚信那是我们唯一的出路。所幸的是，认知行为疗法会考验我们对思维误区的判断，以便及时调整方向，从而消除我们生活中的焦虑和其他负面情绪。

识别你的思维误区

你能判断出以下想法哪些属于思维误区吗？请边看边把它们勾选出来。

1. 非黑即白："你不支持我就是反对我。""要么接受要么放弃。"

2. 过度概括："都怪我的运气差，怎么做都不对……"

3. 心理滤除："我早告诉过你了，我就知道会发生这样的事。"

4. 否定积极因素："是的，不过……"

5. 读心术："我知道他们不喜欢我……"

6. 灾难化："一切就像令人绝望的世界末日……"

7. 奇幻思维："每件事的发生都是有原因的……"

8. 假定思维："我一定要善待妈妈，否则她永远不会爱我……"

9. 个人化："我总是受欺负……这一定是我的错。"

10. 归咎和标签效应："这又不是我的错，他们怎么能这样对我？"

我们都可能时不时地陷入这些思维方式当中，要善于发现并温和地纠正你的错误思维，这样可以帮助你免于被焦虑压垮。焦虑往往由一连串消极想法所导致，所以一定要克服它，就像克服一个坏习惯一样。

评估你的焦虑值

你有多焦虑?	你的内心感受	你认为会出现的情况
例如：你深夜独自走回家，有人尾随其后。	害怕。	我会被袭击。

现状核实：你的恐惧感可能会让你觉得自己将会被攻击，但尾随其后的那个人很可能只是一个碰巧与你同路的普通路人。引起你焦虑的其实是你的大脑对这件事的反应。

这并不意味着你的小心谨慎是多余的，但你的焦虑很可能超出了实际情况所需。

想象自己对以下情景的感受和判断，以0—10（10为最高分）的分值标出每种感受的强烈程度：

你开会迟到了。

____

____

你发现你的新车上有一个划痕。

____

____

你的孩子发烧了。

____

____

收到一封来自银行的信。

____

____

你的搭档对你说："我们必须谈谈。"

____

____

评估你对以上这些例子的第一反应。

能看出你有哪些思维上的误区吗？

____

____

____

我们应该像监测收入发展一样密切监测我们国家的幸福感。

——理查德·莱亚德教授（Professor Richard Layard）

正念

正念

在当今这个飞速发展、科技泛滥的时代，人们心中渐生出一种力求在现代生活中寻找和平与安宁的需求。因此，西方国家的人们开始把目光投向东方，指望从那些沿用了三千多年的治疗方法上得到启发。二十世纪六十年代，冥想法在嬉皮士中流行了起来，并在二十世纪七八十年代逐步发展成为更加主流的“新时代”运动。直到如今，人们仍然坚信现代科学和医学无法解决所有需要被解决的问题。

焦虑包括思想、身体和精神上的焦虑。众所周知，冥想练习可以使大脑平静下来，使身体行动慢下来，缓解精神上的痛苦。

这些方法被越来越多地与现有的西方疗法相结合。多年来，弗洛伊德、荣格[①]等心理治疗师以及后来的斯金纳、艾利斯和贝克[②]等行为学家提供的实践

---

① 西格蒙德·弗洛伊德（Sigmund Freud，1856—1939），奥地利精神病医师、心理学家，精神分析学派创始人；卡尔·荣格（Carl Gustav Jung，1875—1961），瑞士心理学家。

② 伯尔赫斯·弗雷德里克·斯金纳（Burrhus Frederic Skinner，1904—1990），美国心理学家，新行为主义学习理论的创始人，也是新行为主义的主要代表；阿尔伯特·艾利斯（Albert Ellis，1913—2007），美国临床心理学家；亚伦·贝克（Aaron T. Back，1921— ），美国精神病学家、临床心理学家，认知行为治疗的创始人。

方法极大地帮助了人们。但是，随着生活压力的增加，人们的需求越来越多，也更迫切地需要某种东西来使生活节奏慢下来。

正念源自佛教和其他冥想练习。它能使人平静下来，更专注于现在，去感知当下的一切事物。这种方法能使我们停止对过去的担心、后悔和彻底否定。

正念也能使你不再为未来而忧虑，因为此时你的注意力就在当下。

体验正念一刻

停下手中的事。

闭上双眼。

用心感知你周围的一切。

你能听到什么？

你能闻到什么？

你身上的布料接触皮肤是什么感觉？

温度怎么样？

睁开双眼，注意周遭的环境。写下你看到的两件事物。

认知行为疗法和正念法

认知行为疗法在方法上极具医学性和逻辑性，教你在思考和行动时不那么消极；而正念则旨在引导你专注于当下。如果说认知行为疗法针对的是思维方式，那么正念则是将思想、身体和精神都融入当下。因此，一种全新的治疗方法逐渐形成：正念认知疗法。

许多精神治疗从业者都在将正念融入他们的认知行为治疗当中，因为它能同时激励认知行为，又有助于患者恢复平静。正念也被逐步引入各类中小学校、大学和职场，以帮助更多的人找到内心的和平与宁静。

值得高兴的是，东西方疗法的不断融合意味着我们全人类都可以更好地关爱自己。我们一旦学会通过平静心态和给身体减压来保持身心健康，就能更加独立地解决问题，加之各国的卫生系统也在同时努力应对焦虑带来的危害，效果将尤为显著。

以正念为基础的减压疗法已被证明在缓解焦虑以及治疗抑郁症、成瘾、疼痛和疾病方面非常有效。正念认知疗法鼓励你重新训练你的思维以不同的方式运作。通常，瑜伽、普拉提、针灸和其他方法也会与之配套使用。

重“存在”而轻“作为”

相较于我们“是什么”这个问题，我们往往更倾向于重视“取得了什么”和“做了什么”，从而使自己一直处于压力之下。

试图去满足那些无法满足的需求，本身就是不可为的，然而我们仍在强迫自己去实现每一个不切实际的期望和目标。

克服焦虑的方法之一就是一次只做一件事。这意味着你要学会专注于当下正在做的事情，而不是纠结于过去未完成的事，或者为后续要做的事未雨绸缪。

尽量让自己只专注于当下。学会先完成一件事，再着手做下一件，以此类推。例如，你正在计算机上处理文档，请关闭网络浏览器和所有其他应用程序，直到完成目前的工作为止。各种通知和窗口弹出时容易引发焦虑，而完全专注于一项任务却会大大提高你的工作效率。

学习如何觉知当下，而不要总是忙于作为。

大体上，虚度岁月，我不在乎。白昼在前进，仿佛只是为了照亮我的某种工作；可是刚才还是黎明，你瞧，现在已经是晚上，我并没有完成什么值得纪念的工作。我也没有像鸣禽一般地歌唱，我只静静地微笑，笑我自己幸福无涯。

——亨利·戴维·梭罗（Henry David Thoreau）

程序化的生活

为了让时间走得慢一点，就要在一天中安排适当的空间，以免压力过大或陷入焦虑无法自拔。为此，你必须先明确一天当中那些最为紧张的时刻，以便预知焦虑的到来。

什么时候的你感到最焦虑?

• 一大早，赶上班早高峰的你?

• 独自在家，胡思乱想的你?

• 一整天陪着孩子，努力满足他们需求的你?

• 午餐时间，只能在办公桌前将就用餐的你?

• 早出或晚归时，遇到史上最拥堵的交通状况的你?

• 下班回到家，急需空间调整身心转换角色，却立刻被家务缠身的你?

• 晚上，想放松却又不得不继续工作的你?

• 和某人相处时觉得沟通无力的你?

• 打开银行对账单的你?

• 凌晨三点突然醒来，脉搏加快的你?

每个人的焦虑模式都各具特色，要针对不同特性，采用对应的治疗方法。一旦明确触发焦虑的诱因，就不难得出解决问题的方案。当最感到焦虑的时刻到来，我们能做些什么来自我缓解呢？接下来的内容将为你提供一些有效的方法和建议。

你清楚自己什么时候最焦虑吗?

当你醒来

当你每天醒来，可曾躲在舒服的羽绒被下面向外窥探，心想：哦，不，我实在无法面对这一天？或是一醒来便觉得腹部痉挛或头痛？你醒来时都在想些什么？你关注过那些在脑海里一闪而过的消极无意识想法吗？试着把它们记录下来，或者，如果你愿意的话，也可以记视频或音频日记。

为了克服焦虑，不妨把闹钟提前十五到三十分钟，以便给自己更充分的准备时间。

焦虑通常源于企图花极少的时间做过多的事情，或者做事缺乏条理。花点时间调整好自己，全身心地做好准备，这样可以帮助你更加专注和平静地开启新的一天。

在起床之前，先做一到几次的深呼吸。

正念早操

先别急着从被窝里钻出来。在闹钟上定时五分钟。

闭眼，仰卧。感知你身体里紧张和疼痛的部位。现在把注意力集中到那些部位，用心感受那里的情况。

放大你的紧张或疼痛感，密切关注它。放松片刻，再次紧张起来，切实地体验那种感受。然后再次放松。

想象一张巨大的捕蝶网飘了过来，从你头顶掠过，缓缓地落在你身上。瞬间将一切紧张、难受的感觉都卷进网里，一股脑儿全带走了。

告诉自己：我能做到，我能面对每一天。深深地吸一口气，然后彻底吐光。重复做两次这样的深呼吸。

睁开双眼，平静地掀开被子。

起身去开始你一天的生活吧，你可以的。因为你已经准备好了。

一顿正念早餐

必须外出工作的我们常常因为贪睡起晚了，或者时间来不及了，一大早就匆忙离家，连早饭也不吃。

尽量不要饿着肚子出门，因为你会在路上随便吃些甜食来应付，或者因为肚子饿而无法安全行走或好好驾驶。

想要减轻焦虑，吃一些营养丰富的早餐是绝对必要的，舍得花时间准备早餐也很重要。有些人习惯在前一天晚上就泡好燕麦，或做一些三明治，早早预备下第二天一早的美味健康早餐。至少确保在早餐吃到麦片、面包、水果、鸡蛋、牛奶、粥、酸奶和其他你爱吃的东西，新的一天必须以营养丰富的食物开始。

如果前一天晚上宿醉，第二天的早餐和液体补充就格外重要了，这样可以帮助你更快地恢复体能，以便更加投入地迎接新的一天。

为自己安排一处专门用餐的地方，把桌子布置得漂亮些，至少得整洁。无论你做吐司，还是来一碗麦片和一些水果，都务必坐在桌子旁专心地吃，不要为其他事分心，比如一边吃一边听广播或看电视、报纸或手机。

每天只需花上一点时间，慢慢进食，品尝不同的味道，尽情享受果酱和咖啡，或者草莓和谷物混合在一起的美妙口感。

十五分钟就足够你细嚼慢咽、专心致志地吃完早餐，为接下来的一整天调整好自己的状态。

匆忙地进食对消化系统和精神状态都很不利。缓释食物（如全麦吐司、麦片粥或全麦麦片配以水果和坚果）可以帮助你时刻保持冷静和精力充沛。

如果你不是单身，或者家里有孩子，尽可能地鼓励他们安静地吃早餐。别忘了，此时大家都刚起床，多少有些“起床气”，会对接下来的一天感到暴躁、紧张或焦虑。早餐时要避免争吵，以免影响心情，影响消化。如果可能的话，在出门之前把桌子收拾干净，至少把盘子叠好，因为在结束一天的工作回到家时，看到早上留下的残局会大大增加你的焦虑感。

正念出行

如果你乘坐公共汽车或火车出行，花点时间来练习专注力。观察你的四周。每个人都纷纷掏出各种“屏幕”，成为低头一族。不要急于连接电子设备，不妨先花上十分钟来感受当下：均匀呼吸，看看窗外，或者环顾四周细心观察。

感知你双腿下面的座位，双臂放松靠在扶手上，或者，如果你是站着的话，去感知你踩在地上的双脚。

花点时间注意一下你周围的人，观察他们的皮肤和头发的颜色，他们的着装，谁睡着了，谁在看书，谁在听音乐。

放松你的腹部和下巴，大口吸气至你的腹腔（肚脐的位置）。感受你的双脚踩在地上。利用这一时刻，体验活在当下的感觉。虽然可能感觉无聊，但短暂的无聊并不是一件坏事，它会帮助你放松，有利于集中精力去做接下来的事。

堵车时的正念

开车途中遇到堵车，请关掉收音机或任何你正在听的音乐（哪怕只有五分钟），尽量不要看手机。

调整呼吸——深深地吸一口气，再用力呼出来，伴随着嘶嘶的啸声。反复做几次这样的深呼吸。

紧握方向盘，全身肌肉紧张，然后松弛（重复以上动作三次）。

抬起肩膀到接近耳朵的高度，用力耸肩，再用力放松肩膀。动作重复三次以上。

如果车子停滞不前，索性拉上手刹，在座位上向后靠着放松。

如果车上除了你没有别人，尽管放声喊叫、咆哮或唱歌，甚至可以大声咒骂，把所有沮丧的情绪都宣泄出来。

把嘴巴张得像打哈欠一样大，再闭上。这样反复做三次。

感知你的屁股下面的座椅和紧贴背部的座椅靠背，调整坐姿，尽量向后靠，从容地休息片刻，等待交通恢复畅通。

简短地发一条短信通知对方，以免因为约会迟到而感到有压力，前提是使用手机时要确保安全。不管怎样，开车时绝对不要看手机，因为这十分危险，在许多国家都属违法行为。

看手机只会分散你的注意力，令你更加焦虑。如果你实在担心迟到，就尽快找机会靠边停车，安全地使用手机。

外出
午餐

午餐时间的正念

职场中，越来越多的人选择在办公桌前凑合着吃一顿午餐。每周尽量至少出去三次，到有新鲜空气和阳光的地方吃午餐。如果你实在走不开，也不要老是待在办公桌前。

尽管你想要安排好你的生活，同时也想关注社交媒体、了解新闻动态，但请尽可能地放下手中的电子设备，休息十到十五分钟，甚至半个小时。

吃一粒葡萄干，或者一块巧克力，或者任何你正在吃的东西。吃的时候尝试不去咬或嚼它，任由它在你的舌头上慢慢变软，直至融化。感受它的口感和质地变化的过程。在吮吸和吞咽食物时，体验一把慢下来的感觉。

居家时间的正念

如果你大部分时间都待在家里，尤其是当周遭环境不断地让你想起那些应该做或尚未完成的事情时，你会有一种被困的焦虑感。如果你是个在家工作的人、自由职业者，或是处于失业和退休状态，又或者身患残疾不方便出门，那就好好考虑一下如何重新布置你的工作或生活场所，使它不再让你感到焦虑。

如果你家中有幼童或是年长的长辈需要照顾，你可能需要不时地给自己放个假，独自外出，让自己歇一歇，喘口气。找一个值得信赖的人来托付，能为你争取一个短暂休息的机会，你值得拥有。

此外，把电脑和办公设备藏到另一个房间或屏风的后面，这可能会对你有所帮助，就不至于时刻看见那些堆在案头的单据或工作。

整理家务时的正念

虽然我们当中很少有人能拥有完美的房子和家政服务，但凌乱的生活环境的确可能引发焦虑。无论你是喜欢生活在有序的混乱中，还是要求环境极度整洁，当你感到压力或焦虑时，整理房间都能对你有所帮助。

如果你有一些旧报纸、古董、陈年资料、旧衣服、旧鞋子舍不得扔，或平时爱搞收藏，可以先试着做少量清理，比如一次清理十五分钟。你会惊讶地发现，当你在家里感到有压力时，只要清理一个橱柜或一个抽屉，就能让你感觉好起来。所以，不妨花点时间来整理抽屉，清空橱柜，对家里的东西做些回收利用，这将使你更能安之若素、处之泰然。

然而，我们常常觉得无法一步到位地完成一件事倒不如不做，因此便把许多事一再推迟，这是典型的“黑白思维”在作祟。事实上，即便是每次只完成事情的一小部分也会带给你成就感，让你充满鼓舞和力量，有信心完成剩下的工作。

向后退一步，好好欣赏一下你的劳动成果——你的家现在已成了（或正在变成）一个平静的避风港。

工作时的正念

最近的研究结果表明，许多办公室职员一天中的大部分时间都在浏览电子邮件，而没能去做那些更有成效或创造性的工作。越来越多的在客服热线中心或在不通风、光线差、嘈杂的环境中工作的人们正经历着焦虑和高强度的压力。源源不断的压力来自于处理太多公共事务和严苛的工作体制。

为了减轻工作中的焦虑，你最好优先处理那些当天必须完成的事情。先决定你要做什么，把要做的事列一个清单。

要学会关爱自己的身体——在办公桌前伸展四肢，远离屏幕让眼睛休息一下，尽可能多地出去呼吸一些新鲜空气。

要多喝水，最好是规律性地少量、多次饮水。如果茶水间离你较远，常常使你忘了喝水，建议你买一个大容量的可重复使用的蓄水瓶放在桌上。

时不时地在椅子上向后靠，甚至起身在房间里走动，伸展四肢，耸耸肩。

每当你感到焦虑，就坐着向后靠，并伴以有规律的深呼吸。

去一下洗手间，在那里待一会儿，从一数到十，紧缩双肩，然后放松。

作为一个人，你需要休息，你不是完美的，所以千万不要承诺那些不可能完成的事情，也不要不停地工作，这样有害于你的健康。

在你的办公桌上或抽屉里摆一些小物件，最好能让你想起你的爱人、家人，或者你喜爱的活动，这样你就可以在需要的时候重新找回自我。

记住，这只是一份工作而已，你完全有能力应付。

不要忘了，你是人，不是机器。

The end of spring fingers
in the cherry blossoms

下班回家后的正念

我们大多数人都是在结束漫长一天的工作后，拖着疲惫的身躯回到家。

我们从托儿所或保姆那里接回疲惫不堪的孩子。

我们会回到那个可以独处或与人共享的空间。

下班回到家是一段比较微妙的过渡时间。回到家后先给自己一点时间换上舒适的家居服，这一点很重要。

如果你还要外出参加另一项活动，动身之前，务必腾出至少十到十五分钟的周转时间，来摆脱一整天的压力。即使你回家后要关照家人和一堆的家务，花上五分钟来适应从工作到家庭生活的转换还是非常必要的。

如果你是和伴侣或配偶一起生活，就需要同他们协商，告知对方你需要一段过渡时间来调整状态，转换角色——忽视这一点往往是大多数争吵的开端。因为一整天下来，孩子们很累，在家留守的一方很累，外出工作的一方也很累。

模式转换时间的正确操作

提前和你的伴侣或家人商量好如何处理回家后这段时间。每天下班后，轮流花五分钟时间换衣服，让自己静一静。在参与家庭事务之前，先允许自己单独待五分钟。

尽量不要一回到家就直奔冰箱和酒水柜。试着养成一个适合你的回家程序，方便你天天执行。时刻与伴侣和家人交流你的需求和愿望，是建立祥和、幸福的家庭生活的关键。和在场的每一个人打个招呼，然后给自己一点时间进行正念模式转换。

例如，换上家居服，或先冲个澡再换身衣服。喝一杯不含酒精或咖啡因的水，不要马上打开电视、收音机或电脑。

先在计时器上定时十分钟。在床上躺下或坐在舒适的椅子里，深吸一口气。嘶嘶地吐气，再吸气。

闭上眼睛，去感知你的身体各部位的感觉——你的双腿和双脚此刻感觉如何？然后渐渐过渡到你的手臂、腹部、胸部、头部和面部。

保持呼吸，让你的注意力集中到前额的后面，并在那儿停留几分钟。

保持躺卧或在椅子里坐着，继续感知你的身体。感知身体的重量，感觉是否有局部的刺痛或持续的疼痛感。

再次吸气，呼气。

计时器响起时，慢慢恢复状态。稍作休息，便可以开始你的晚间生活了。

也可以试着做一些运动，即便只是修剪草坪，遛遛狗，散步去商店买牛奶，或者吸吸尘。参加合唱团或戏剧团体的活动也是不错的选择。总之，除了整晚守在电视机前，你可以尝试做任何事，只要确保不把计划排得太满。即使是做些有益健康的活动，每天晚上都出门也会把你累垮。

一定要在活动的间歇安排足够的休息时间。

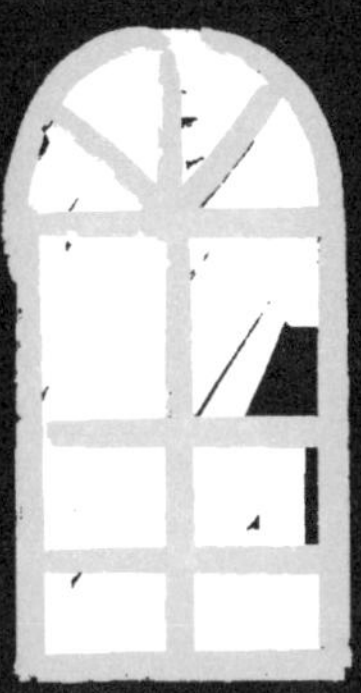

睡前正念

如果你不得不在晚上工作，也要确保在睡觉前有一段放松的时间，以免神经紧张，影响睡眠。

在有工作的晚上尽可能地限制咖啡因和酒精的摄入，因为这两样东西会让你更难入睡，失眠或睡眠不好又会增加第二天的焦虑感。

睡前喝些花草茶，或者来一杯温的乳类饮品。

不要在卧室里整晚开着电子设备或LED显示屏，它们会干扰你的睡眠。睡前泡个温水泡泡浴是个不错的主意，千万不要在深夜暴饮暴食——所有这些都会影响睡眠，让你更难得到充分的休息，从而导致第二天焦虑感增加。晚间出门散步、遛狗、做做拉伸或瑜伽也能有助于放松。

许多人觉得做爱或者紧紧搂着对方都能帮助他们更好地入睡。如果家里有年幼的孩童，经常会因为各种需要在夜间醒来，一定要事先和伴侣商量好由谁半夜起来照顾孩子。

如果你的邻居比较吵闹，建议买一些耳塞备着，需要时便戴起来，屏蔽噪声，以免被吵得心烦焦躁。

睡前准备

躺进被窝之前，首先确保你的卧室是一个舒适的、适合睡觉的地方——可以快速地拾掇一下，即便只是把散落的衣物堆放起来。

为第二天制订一个待办事项清单，这样你才能在睡前清空大脑，安然入睡。

想好明天要穿什么衣服，把要带的东西统统准备好装进包里，这样一来，明早起来就已万事俱备了——这些准备工作有助于你放松大脑，停止思考。

睡前一小时内不要听或浏览任何新闻。

用花草茶或乳类饮品代替睡前饮酒。

确保在一个宁静的环境里入睡，身边没有任何闪烁的或砰砰作响的设备，它们会不断地带给你工作和社交生活的压力。此外，确保卧室的光线尽可能暗。

实施以下五步就寝程序：收拾整理、做皮肤保湿、喝点薄荷茶、做五次深呼吸、看书。随着时间的推移，你的大脑会逐渐把这些活动与睡眠联系起来。

我的就寝程序

1.

2.

3.

4.

5.

回收烦恼的大口袋

想象你有一个专门“回收烦恼的大口袋”，一到晚上，便可以在临睡前把所有想法统统往里面倒，彻底清空所有烦恼。把这些烦恼都写下来，草草地记在一张张小纸片上，把它们全都放进这个口袋，收紧袋口，直到第二天早上。

你可以过后再冷静而理智地回顾那些想法。

或者干脆看都不看就把它们全都抛开。

无论如何，重要的是清空你脑子里所有杂七杂八的念头。

每当夜幕降临，你一般会烦恼些什么？

我的烦恼:

永远面朝阳光，阴影就会被甩在身后。

——沃尔特·惠特曼（Walt Whitman）

笔记：